E X T R A I T

DU

REGISTRE AUX DÉLIBÉRATIONS

du Comité

DU TISSAGE DES LINS.

COMITÉ DU TISSAGE DES LINS.

Séance du 3 Novembre 1850.

L'an mil huit cent cinquante, le trois novembre, à onze heures, MM. les Fabricants de toiles du département du Nord, réunis en Assemblée générale au Cercle du Nord, ont nommé, à l'unanimité, la Commission suivante pour diriger toutes les affaires qui intéressent le Comité.

Président : M. DANSETTE-LEBLON, Maire à Armentières.
Vice-Président : M. DESTAILLEURS, à Lille.
MM. BEGHIN-DUFLOS, à Armentières.
    A. GRENIER, à Armentières.
    LEMAITRE-DEMEESTERE, à Halluin.
    DEMEESTERE-DELANNOY, à Halluin.
    DEBUISSER, à Richebourg-l'Avoué.
    DUHAMEL, à Merville.
    HOVYN, à Comines.
    Louis VIENNE, à Roncq.
    J. DANSET, à Marquette-lez-Lille.
    Jean CASSE, à Lille.

La séance est levée.

4

Séance du 11 décembre 1850.

Par suite de convocations régulièrement adressées, étaient présents MM. DESTAILLEURS, vice-président; J.^h DANSET; LEMAITRE-DEMEESTERE; L. BÉGHIN-DUFLOS.

La Commission agrée le choix de M. de Franciosi comme secrétaire adjoint, nommé en exécution de l'article 4 des Statuts.

La Commission s'occupe de la circulaire du Comité, et désigne à M. le Secrétaire les différents envois à en faire.

A l'occasion de la mention dans cette circulaire du logement du secrétaire où devront être adressées les communications transmises à la Commission, M. de Franciosi fait connaître qu'il a trouvé un logement très-convenable, même pour les réunions, situé rue Esquermoise, 65; mais qu'il ne le prendrait immédiatement qu'à l'aide d'une indemnité, attendu que pour le mieux de ses intérêts il ne l'occuperait qu'au 15 mars prochain.

La Commission, sans engager l'avenir, accorde une indemnité de 100 fr., qui s'adjoindra au traitement du secrétaire, lequel est fixé à 800 fr. de fixe; plus, 100 fr. d'indemnité de logement. Ce sera donc, pour la première année, une somme totale de 900 fr.

La Commission s'ajourne au mardi 24 décembre en raison de la fête de Noël.

La séance est levée.

<table>
<tr><td>Le Secrétaire,
CH. DE FRANCIOSI.</td><td>Le Vice-Président,
DESTAILLEURS.</td></tr>
</table>

5

Séance du 24 décembre 1850.

L'an mil huit cent cinquante, le 24 décembre, furent présents MM. DANSETTE-LEBLON, président; LEMAITRE-DE-MEESTERE, DEMEESTERE-DELANNOY, DUHAMEL, HOVYN, J.ᵇ DANSET et Louis VIENNE.

M. BÉGHIN écrit pour motiver son absence.

Les procès-verbaux des précédentes séance sont lus et adoptés.

M. le Secrétaire donne lecture du projet de rapport suivant :

A M. le Ministre de l'Agriculture et du Commerce,

Monsieur le ministre,

Les fabricants de toile du département du Nord, justement préoccupés de la concurrence que leur fait la Belgique, se sont constitués en Comité pour la défense des intérêts du tissage national, et ils ont nommé une Commission chargée de les représenter dans les questions relatives à leur industrie.

Cette Commission a d'abord porté son attention sur le mode de fixation du droit d'importation des toiles étrangères en France. Ses investigations ont été nombreuses et multipliées, elle en soumet aujourd'hui le résultat à votre bienveillante sollicitude.

Nous avons choisi un jour d'entrée en France de nombreuses toiles belges, pour puiser en douanes des documents aussi complets que possible, et nous avons constaté que la presque totalité de ces toiles est fabriquée, tant en chaîne qu'en trame, de fils très-fins, et qu'une différence énorme se trouve entre le nombre des fils de la chaîne et celui des fils de la trame. Ainsi, des toiles de 7 et 8 fils en chaîne en présentaient 11 et 12 en trame. Cette différence existe dans plusieurs autres degrés de finesse.

A ce fait patent, il fallait assigner une cause, ce ne fut ni long, ni difficile. Les Belges, par ce mode de fabrication, se proposaient ce but, dont l'énoncé serait un véritable paradoxe, si des faits nombreux, incontestables, n'en démontraient la réalité. Ils voulaient introduire en France des toiles payant un droit moindre que celui qu'eussent supporté les fils bruts, employés au tissage de ces mêmes toiles. Pour arriver à ce résultat, ils comptaient sur le bénéfice de la loi qui fait calculer le droit d'importation sur le nombre des fils de la chaîne,

Notons tout d'abord que le fil, avant d'être tissé, peut subir un débouillissage avec freinte de 15 pour 100 de son poids et conserver, malgré cette opération, une teinte écrue. Il faut donc, pour rester dans des termes exacts, considérer comme égaux, par rapport aux droits comparés, 85 kil. de toile et 100 kil. de fil.

85 kil. de toile de moins de 8 fils, à 33 fr. les 100 kil., paient 28 fr. 05 c. — Le fil employé est de 22 et 28 (3.ᵉ cat.) et paierait 48 fr. 40 c. les 100 kil. — Différence en faveur de la toile sur le fil, 20 fr. 85 c.

85 kil. de toile de 8 fils, à 39 fr. 60 c. les 100 kil., paient 33 fr. 66 c. — Le fil employé est de 25 et 30 (3.ᵉ cat.) et paierait 48 fr. 40 c. les 100 kil. — Différence en faveur de la toile sur le fil, 14 fr. 74 c.

85 kil. de toile de 11 fils, à 71 fr. 50 c. les 100 kil. paient 60 fr. 77 c. — Le fil employé est du 35 et 45 (4.ᵉ cat.) et paierait 83 fr. 60 c. les 100 kil. — Différence en faveur de la toile sur le fil, 22 fr. 83 c.

85 kil. de toile de 12 fils, à 82 fr. 50 c. les 100 kil., paient 70 fr. 12 c. — Le fil employé est du 45 et 50 (4.ᵉ cat.) et

paierait 83 fr. 60 c. les 100 kil. — Différence en faveur de la toile sur le fil , 13 fr. 48 c.

Que pouvait-il résulter d'un état de chose aussi anormal , aussi évidemment contraire aux intentions du législateur qui a dû se préoccuper grandement de la protection à accorder au travail national ? La réponse , le *Moniteur universel* du 20 décembre 1850 nous la donne concluante et pleine d'amertume. Pendant les onze premiers mois de 1848, la Belgique a importé en France 7,360 quint. mét. de toiles; en 1849, même laps de temps, 9,617 quint. mét.; en 1850, jusqu'en fin novembre , 13,362 quint. mét. Les chiffres ont leur éloquence , et cette augmentation de près du double de l'importation en deux ans parle bien haut , d'autant plus haut si on remarque qu'elle s'est produite malgré la prime de 8 à 12 pour 100 que le gouvernement belge accordait à l'importation dans les pays autres que la France. Cette prime a fini au 1er janvier 1851 , et l'on peut craindre que l'importation ne prenne une extension plus grande encore quand les Belges n'auront plus que le marché français pour le débouché de la production de leur filature et de leur tissage.

Avons-nous besoin de faire remarquer ici l'immense avantage que le tissage belge a sur le nôtre en ce qui concerne le prix de main d'œuvre ?

Ce que nous avons dit des toiles fines et légères, on peut l'appliquer en certaine mesure aux toiles plus fortes. Considérons un instant les toiles fabriquées avec les N.ᵒˢ 12, 14, 16, 18 et 20, dont le fil (2.ᵉ cat.) paie à l'entrée 29 fr. 04 c. les 100 kil. La toile paie 33 fr. les 100 kil. soit 28 fr. 05 c. par 85 kil. C'est encore une différence de 99 c. au préjudice des toiles françaises, dont Armentières , Merville et autres localités ont la fabrication, de nos toiles de marché.

Si des toiles belges nous passons aux toiles anglaises , nous trouvons des résultats non moins déplorables , et que constate le plus simple examen.

85 kil. de toile de moins de 8 fils, à 66 fr. les 100 kil., paient 56 fr. 10 c. — Le fil employé est du 22 et 28 (3.ᵉ cat.) paie 88 fr. les 100 kil. — Différence en faveur de la toile sur le fil, 34 fr. 90 c.

85 kil. de toile de 8 fils, à 88 fr. les 100 kil., paient 74 fr. 80 c. — Le fil employé est du 25 et 30 (3.ᵉ cat.) et paie 88 fr. les 100 kil. — Différence en faveur de la toile sur le fil, 13 fr. 90 c.

85 kil. de toile de 11 fils, à 138 fr. 60 c. les 100 kil., paient 117 fr. 81 c. — Le fil employé est du 35 et 45 (4.ᵉ cat.) et paie 137 fr. 50 c. les 100 kil. — Différence en faveur de la toile sur le fil. 19 fr. 69 c.

85 kil. de toile de 12 fils, à 158 fr. 40 c., les 100 kil., paient 134 fr. 64 c. — Le fil employé est du 45 est 50 (4.ᵉ cat.) et paie 137 fr. 50 c. les 100 kil. — Différence en faveur de la toile sur le fil, 3 fr. 14 c.

Nous ne saurions trop le répéter, ce sont là des faits palpables, d'une exactitude mathématique, des réalités que chacun comprend, contre lesquelles le doute est impossible.

Voilà le mal, où est le remède? Quel moyen de salut dans une position aussi perplexe? La commission soumet à votre sollicitude les trois moyens suivants, elle les recommande à tout votre intérêt: Le premier est applicable dès maintenant, c'est l'exécution rigoureuse du traité qui doit finir au 10 août 1832. Les deux autres trouveraient leur place dans le traité nouveau qui pourrait intervenir à l'expiration du traité actuel. Respect de ce qui est, précautions pour l'avenir, telles sont nos demandes:

1.ᵉ Que l'on considère comme toile blanche, toute toile dont le fil aura subi un débouillissage avec une freinte quelconque;

2.ᵉ Que l'on augmente les droits de la première et de la deuxième catégories des toiles;

3.° Que le droit d'importation soit fixé non plus ... nombre des fils de la chaîne seulement, non pas sur le nombre des fils de la trame seulement, mais sur la moyenne des fils de la chaîne et de la trame réunies.

Bien que nous sentions le besoin de nous borner, permettez-nous, monsieur le ministre, un seul exemple pour démontrer l'efficacité de ce dernier moyen, aussi simple, aussi juste que d'accord avec la raison.

Prenons une toile de 8 fils en chaîne et 12 fils en trame ; elle paie, par la chaîne, 39 fr. 60 c. les 100 kil., soit 33 fr. 66 c. par 85 kil., c'est-à-dire 14 fr. 74 c. moins que le fil brut que l'on a employé pour la tisser. Si l'on réunit les 8 fils de la chaîne et les 12 de la trame, on obtient un total de 20 fils, dont la moyenne est 10. Cette toile, au lieu d'être dans la deuxième catégorie, passe dans la troisième, et paie un droit de 71 fr. les 100 kil., soit 60 fr. 77 c. pour 85 kil. Le fil brut aurait payé 48 fr. 40 c., la toile paierait 12 fr. 37 c. de plus. Cette dernière différence réunie à la première forme une faveur de 27 fr. 11 c. pour le tissage français, faveur juste et de nature à protéger notre industrie, dont la position ne justifie que trop les plaintes du présent et les appréhensions pour l'avenir.

Recevez, monsieur le ministre, etc.

Une discussion se produit pour la fixation des chiffres contenus dans ce rapport ; ils sont maintenus tels qu'ils avaient été présentés, non point que l'on puisse rigoureusement dire que les Belges emploient toujours tel ou tel numéro, qu'ils débouillissent leur fil avec freinte de 15 p. %, en conservant la teinte écrue, tout au moins ils peuvent le faire, et en matière de concurrence, ce qui est possible peut être réputé comme fait.

Une copie de ce rapport sera adressée aux divers Comités par l'intermédiaire des membres de la Commission pour qu'il y soit fait telles remarques qu'il appartiendra.

M. le Président invite M. le Secrétaire à donner avis à M. le Préfet du Nord de la constitution de la société. Il est opportun, en tout état de choses, de se mettre en bons rapports avec l'autorité; on pourra d'ailleurs avoir ultérieurement besoin de la Préfecture auprès du Ministre, soit pour solliciter des documents, soit pour lui transmettre des réclamations.

M. le Secrétaire donne lecture d'une lettre de M. Lucas de Beauvilain, qui offre ses bons offices auprès du Ministre et les colonnes du *Mercure Français*. Réponse sera faite à cette communication.

La Commission décide que des abonnements seront pris aux trois journaux suivants : le *Moniteur Belge*, le *Moniteur Industriel*, le *Mercure Français*.

M. le Secrétaire fait connaître que sur le nombre des personnes à qui ont été envoyées des circulaires, trois refusent leur concours, ce sont MM. Chrétien-Wicart et Henry aîné, de Lille ; Théry-Becquart, d'Armentières.

L'ordre du jour étant épuisé, la Commission s'ajourne au mercredi 8 janvier 1851.

La séance est levée.

Le Secrétaire,
Ch. DE FRANCIOSI.

Le Président,
H. DANSETTE.

Séance du 8 janvier 1851.

L'an mil huit cent cinquante-un, le 8 janvier, furent présents MM. DANSETTE-LEBLON, président; DUHAMEL, HOVYN, L.ᵉ VIENNE, J.ᵗᵉ DASSET et DESTAILLEURS.

MM. BEGHIN, GRENIER, DEMEESTERE, DELANNOY et J. CASSE, ont motivé leur absence.

Le procès-verbal de la précédente séance est lu et adopté.

Le Secrétaire donne lecture de diverses lettres adressées au Comité.

Une lettre de M. Laniel donne lieu à plusieurs réponses. La Commission établit d'abord ce point, que le Comité est spécial au département du Nord, qu'il doit donc avoir son siége à Lille. Un Comité qui aurait son siége à Paris, ne pourrait être qu'un Comité central formé de délégués de Comités locaux.

Les moyens que compte employer le Comité du Nord ne peuvent être déterminés à l'avance, ils naissent et se modifient avec les circonstances. Ce que le Comité veut surtout faire comprendre, c'est qu'il n'est nullement hostile aux filateurs. A son sens, l'union entre la filature et le tissage est de tout point désirable. Ces deux industries se doivent un appui réciproque pour joindre leurs efforts dans une commune action pour la protection de l'industrie linière dans tout son ensemble.

Le mode de cotisation ne peut être le même partout, il doit varier selon les localités, selon les habitudes du pays; celui qui a été adopté par le Comité n'a pas soulevé d'objection.

Une réponse en ce sens sera faite à M. Laniel.

Le projet de pétition, envoyé aux divers Comités, n'a amené aucune observation; il sera adressé avec légères modifications de forme à la Chambre de Commerce pour être par elle apostillé et envoyé au Ministre.

Le Comité détermine que les cotisations seront reçues à domicile par les soins des divers membres de la Commission.

La prochaine réunion est fixée au mercredi 5 février.

La séance est levée.

<table>
<tr><td>Le Secrétaire,</td><td></td><td>Le Président,</td></tr>
<tr><td>CH. DE FRANCIOSI.</td><td></td><td>H. DANSETTE.</td></tr>
</table>

Séance du 5 février 1851.

Furent présents MM. DESTAILLEURS, vice-président; J. CASSE, J.^h DANSET, L.^s VIENNE, DUHAMEL, HOVYN, DEMEESTERE, DELANNOY, LEMAITRE-DEMEESTERE.

Après la lecture et l'adoption du procès-verbal, la Commission entame la question de la pétition dont on s'est précédemment occupé.

Après une modification demandée par la Chambre de Commerce, cette pétition a été adressée par le président à M. le Ministre.

Quant à la publicité à lui donner par la voie de la presse, la Commission décide qu'il y a lieu d'attendre qu'un essai d'introduction en France, de toiles lessivées ait été tenté, afin de ne pas donner l'éveil à la douane, ledit essai devant donner une preuve authentique de l'abus que l'on fait des termes du traité pour l'importation des toiles belges.

Les reçus pour les cotisations des membres du Comité

en 1850-51 sont remis aux divers membres qui se chargent des rentrées.

La Commission s'ajourne au mercredi 19 courant.

La séance est levée.

Le Secrétaire,

CH. DE FRANCIOSI.

Le Vice-Président,

DESTAILLEURS.

Séance du 19 février 1851.

Furent présents MM. DANSETTE-LEBLON, président; A. GRENIER, BÉGHIN-DUFLOS, J. CASSE, J.^h DANSET, L.ⁿ VIENNE, DUHAMEL, DEMEESTERE-DELANNOY, LEMAITRE-DEMEESTERE.

M. LEMAITRE fait connaître le résultat de l'envoi fait de Belgique en France de 2 pièces de toile en 11 fils, dont le fil avait été crémé avec une freinte de poids de 20 p. %. Cette toile a été considérée par la douane française comme toile écrue et soumise ainsi à un droit de 71 fr. 50 c. les 100 kil., tandis que réellement elle aurait dû supporter comme toile blanche un droit de 112 fr. 50 c.

Ce résultat est une preuve irrécusable du mauvais système de constatation de la nature des toiles; toutefois, il faudrait le confirmer pour lui donner toute la force qu'il comporte. Car si la fixation de catégorie avait été une erreur de la part du douanier chargé de cette opération, le résultat deviendrait nul. On décide en conséquence, que les employés supérieurs seront consultés pour reconnaître si la toile a bien été jugée en rapport avec les types.

Faut-il s'arrêter à la crainte de compromettre le douanier aux yeux de ses chefs, en mettant peut être ceux-ci sur la trace d'une erreur involontaire? Non, cette crainte n'est pas fondée. Il s'agit d'un fait matériel dont par délicatesse le Comité veut avoir confirmation avant de s'en faire une arme contre l'interprétation donnée au traité. C'est un acte de déférence envers la douane.

Si la toile a été jugée d'après les types et par suite reconnue écrue, il en résultera la preuve palpable d'une législation injuste dans son application. Dans son application, disons-nous, car les types ne sont pas la loi, ils n'en sont que les moyens pratiques, et il doit se présenter des circonstances où il y a pour le douanier nécessité de se tromper sur le fonds, quoique jugeant rigoureusement sur l'apparence. En effet, n'a-t-on pas vu des toiles assez grosses, fabriquées en fil d'étoupes naturellement très-blanc, ne les a-t-on pas vu déclarer blanches, quoique pour tout homme du métier il était évident qu'elles étaient écrues.

Quel moyen y aurait-il donc de constater qu'un fil a subi un blanchiment avec perte? Qui le dira? Un agent chimique a vainement été cherché, les hommes spéciaux déclarent qu'il n'en connaissent pas d'efficace.

Sans doute, tout obstacle disparaîtrait si dans les bureaux des douanes on avait des hommes possédant les connaissances spéciales, celles des fabricants eux-mêmes. Mais ce n'est pas chose réalisable.

La discussion se prolonge dans ce cercle d'idées; chacun comprend parfaitement que la législation de 1842, qui n'a pas eu égard aux intérêts du tissage, est intolérable, et que de pareilles conditions devraient être éloignées à tout prix dans un traité nouveau. Mais par quel moyen combattre le mal, se préparer un avenir moins alarmant, là est la difficulté.

Il est procédé à la nomination d'une Commission de trois membres, MM. Destailleurs, J.^h Danset, Lemaitre-Demeestere, laquelle s'adjoindra M. Kuhlmann, se rendra en douane pour contrôler le jugement porté sur la loi.

De l'avis de cette commission dépendra l'époque de la publication dans les journaux du rapport adressé à M. le Ministre. Quelques membres avaient cru trouver un inconvénient à cette publication, mais l'intérêt du tissage, les devoirs de la Commission envers ses commettants, les communications qu'il est nécessaire que le Comité ait avec les autres Comités ou les fabricants des autres départements, lèvent toute hésitation.

La séance est levée et ajournée au mercredi 5 mars.

Le Secrétaire,
CH. DE FRANCIOSI.

Le Président,
H. DANSETTE.

———

Séance du 5 mars 1851.

Furent présents MM. DANSETTE-LEBLON, Président, LEMAITRE-DEMEESTERE, J. CASSE, HOVYN.

Les procès-verbaux des deux précédentes séances sont lus et adoptés.

M. LEMAITRE fait connaître le résultat de la visite en douane de la Commission qui s'était adjoint M. le président de la Chambre de Commerce. En leur présence, il a été de nouveau déclaré que les pièces de toile, tissées en Belgique, avec du fil crêmé, ayant subi une freinte de 20 p. °/₀, étaient écrues ; le fil en paquet a dû être déclaré blanc.

La Commission décide qu'un projet de rapport au Ministre sera présenté dans la prochaine réunion, par M. le Secrétaire.

On réserve pour de prochaines réunions diverses questions, entr'autres celle des toiles teintes. La séance est renvoyée au 12 courant.

Le Secrétaire,
CH. DE FRANCIOSI.
Le Président,
H. DANSETTE.

Séance du 12 mars 1851.

Furent présents MM. DANSETTE-LEBLON, Président; LEMAITRE-DEMEESTERE, HOVYN, DUHAMEL, A. GRENIER, J.^h DANSET, DEMEESTERE-DELANNOY.

M. le Secrétaire présente un projet de rapport rédigé d'après les bases de la discussion de la précédente séance. Le projet donne lieu à une discussion nouvelle, ayant pour objet diverses modifications à apporter à cette rédaction.

Il est procédé immédiatement à ces modifications; l'assemblée décide qu'une copie du rapport sera adressée aux divers Comités locaux qui y feront telles observations qu'ils croiront utiles.

L'Assemblée se sépare, ayant épuisé son ordre du jour.

Le Secrétaire,
CH. DE FRANCIOSI.
Le Président,
H. DANSETTE.

Séance du 19 mars 1851.

La réunion est peu nombreuse, il n'y a d'ailleurs qu'à entendre les observations présentées par les Comités locaux sur le projet de rapport.

Aucune observation n'ayant été faite, tous les membres

du Comité central ayant adopté la teneur du rapport , il est déclaré définitif et devra être adressé à M. le Ministre par l'intermédiaire de la Chambre de Commerce de Lille.

En voici les termes :

A M. le Ministre de l'Agriculture et du Commerce ,

Monsieur le ministre ,

Il y a un mois, nous avions l'honneur de vous adresser les réclamations des tisserands français concernant le mode d'importation des toiles belges en France. D'un côté , nous attaquions la fixation du droit sur le nombre des fils de la chaîne et nos plaintes étaient appuyées sur des chiffres qui valaient autant que toute preuve matérielle. D'un autre côté , nous prétendions que des toiles belges entraient en France comme toiles écrues quoique le fil qui avait servi à les tisser eût subi des lessivages avec perte d'au moins 15 pour 100 de son poids. Ce second fait bien que tout aussi incontestable que le premier pouvait avoir besoin près de vous , monsieur le ministre, d'une confirmation ; la voici aussi complète que possible.

L'un des membres du comité reçut la mission de faire tisser en Belgique deux pièces de toile avec du fil N.° 45 qui auparavant fut crémé et perdit dans cette opération 20 pour 100 de son poids. Le 26 février dernier, la portion de fil qui n'avait pas été employée et les pièces de toile arrivèrent à la gare de Lille. La toile fut examinée par le douanier, déclarée de 9 à 11 fils, écrue, par conséquent soumise à un droit de 71 fr. 50 c. les 100 kil.

Or, pour nous qui avions suivi toutes les phases de l'essai, il ne pouvait y avoir de doute que l'erreur de cette décision était complète, toutefois nous voulûmes prendre toutes le

précautions possibles pour donner à la preuve si heureuse-
ment faite contre la législation de 1842 toute la force qu'elle
comportait.

Une commission fut nommée, elle se rendit auprès de M.
Kuhlmann, chimiste distingué et président de la chambre
de commerce de Lille; elle obtint qu'il prendrait une part of-
ficieuse à sa démarche, afin de pouvoir au besoin renseigner
la chambre sur ce qui se serait passé.

M. l'inspecteur de la douane, qui, en considération de
l'importance de notre but, voulut bien nous donner tous les
renseignements désirables, plaça sous nos yeux les types
ministériels qui, seuls, font loi pour l'application du traité,
et nous fit voir que réellement la toile dont il s'agissait
n'était pas plus blanche que le type de sa catégorie.

La preuve était confirmée, restait la question des fils. Ce
fil était évidemment un fil blanc, et à moins de s'exposer
gratuitement à un procès-verbal, on ne pouvait faire une
déclaration contraire.

Ce fil, qui était de la 4.ᵉ catégorie (24 à 36,000 mètres),
fut soumis au droit de 112 fr. 42 c. les 100 k. Or, il n'a
jamais pu entrer dans les intentions du législateur de faire
payer à un objet fabriqué un droit d'*écru* quand la matière
qui sert à sa fabrication paie un droit de *blanc*, c'est cependant ce qui arrive par le mode employé pour la vérification
à la douane.

Dans notre précédent rapport, nous disions que le fil pouvait subir une freinte de 15 p. % et ne pas dépasser en
nuance les types de toile; aujourd'hui nous avons la preuve
qu'il peut subir une freinte de 20 p. %, sans cesser d'être
dans les mêmes conditions. Ainsi, le tisserand belge peut
introduire sa toile en payant un droit de 71 fr. 50 c., *droit
d'écru*; le tisserand français ne peut introduire le fil qui a
servi à cette fabrication que comme fil *blanc*, payant le

droit de 112 fr. 42 c. Différence en faveur du tisserand belge, 40 fr. 92 c.

On objectera peut-être que l'on n'introduit pas en France, venant de la Belgique de fil blanc; qu'il est plus avantageux de le faire entrer écru et de le blanchir en France. Ce système aurait des conséquences aussi désastreuses. Prouvons:

L'opération du crêmage a fait subir au fil une freinte de 20 p. %. Donc, 100 kil. de fil écru équivalent à 80 kil. de toile.

80 kil. de toile écrue, de 9 à 11 fils à 71 fr. 50 c. les 100 kil. paient 57 fr. 20 c.

100 kil. de fil écru, de 24 à 36,000 mèt. paient 83 fr. 60 c.

Différence en faveur du tisserand belge, 26 fr. 40 c. p. % kil.

Enfin, M. le Ministre, comparons le prix du tissage en France et en Belgique. Les deux pièces dont il s'agit ont été tissées par des ouvriers belges pour le prix de 10 fr. l'une. La même façon n'eût pas coûté en France moins de 18 fr. Les deux pièces de toile pesaient 22 kil. 800 gr., on pourrait donc fabriquer environ 7 pièces semblables avec 80 kil. de fil crémé, représentant 100 kil. de fil écru.

La différence est de 8 fr. par pièce de toile, soit 56 fr. pour 7 pièces. A ces 56 fr., ajoutez les 32 fr. 74 c. de différence entre le droit de la toile et celui du fil avec lequel elle a été fabriqué, vous trouverez une différence de 88 fr. 74 c. en faveur du tissage belge.

En faisant venir le fil écru, la différence entre le droit du fil et celui de la toile est de 26 fr. 40, différence qui, ajoutée aux 56 fr., différence de façon forme une faveur de 82 fr. 40 c. pour le tisserand belge.

Qu'ajouterions-nous, M. le Ministre, à des faits aussi éloquents! L'industrie du tissage français est placée aujourd'hui dans les conditions les plus déplorables, et ce qu'il y a de plus étrange, c'est que cette position lui est faite par un traité international qui, vicieux en plusieurs de ses parties, se trouve par l'application de certaines autres un véritable moyen de fraude livré à la concurrence belge par la législation française. C'est notre ruine que nous vous demandons de conjurer, et nous mettons le plus grand espoir n votre patriotisme éclairé, en votre sollicitude pour les availleurs et les producteurs français.

Recevez, etc.

La séance est levée et renvoyée au **26 mars**.

Le Secrétaire,
CH. DE FRANCIOSI.

Pour le Président,
L.F. VIRE-BURMEESTERE.

Séance du 26 mars 1851.

M. le Secrétaire donne avis de l'envoi à la Chambre de Commerce du rapport présenté dans la précédente séance.

Un petit nombre de membres se trouvent aujourd'hui présents.

M. le Secrétaire donne lecture de la lettre suivante, adressée par M. le Ministre à la Chambre de Commerce, en réponse au premier rapport.

Paris, le 21 mars 1851.

Messieurs,

Par lettre du 18 janvier dernier vous m'avez transmis, en l'appuyant, une réclamation du Comité des tissus de lin de votre arrondissement, au sujet des moyens qui seraient employés par les fabricants belges pour éluder l'application du tarif des toiles et se soustraire ainsi aux conséquences du traité de commerce qui lie les deux pays. Dans votre pensée, le fait signalé ne serait rien moins que la violation manifeste sinon des termes, tout au moins de l'esprit du traité du 13 décembre 1845.

Les droits actuellement établis sur les toiles de lin et de chanvre varient suivant la finesse des toiles, et pour constater cette finesse, on compte le nombre de fils *en chaîne* qui se trouvent dans cinq millimètres carrés; le nombre de fils détermine la classe à laquelle la toile doit appartenir. D'après les réclamants, les fabricants belges, tout en se servant, dans leur fabrication, d'une chaîne dont le numérotage connu à l'avance détermine l'application des droits, emploieraient pour la trame un numérotage beaucoup plus élevé, de telle sorte qu'en définitive la toile fabriquée paierait à son entrée en France, un droit moindre que le fil qui aurait servi à la fabriquer. De là, l'augmentation des importations qui, d'après les relevés officiels de l'administration des douanes, auraient atteint 13,362 quintaux métriques en 1850, tandis qu'elles n'avaient pas dépassé 9,617 quintaux métriques en 1849, et 7,360 quintaux en 1848.

Je ne saurais, Messieurs, tirer des faits constatés par l'administration des Douanes, la même conclusion que les réclamants. L'année 1848 est une année anormale pendant laquelle toutes les opérations commerciales ont été en quelque sorte suspendues; elle ne peut donc être prise pour point de comparaison des faits qui se produisent aujourd'hui et qui sont la conséquence naturelle du rétablissement de l'ordre et de la reprise des affaires. Or, si l'on consulte les faits antérieurs à 1848, on voit que les importations actuelles, malgré l'accroissement signalé, restent encore au dessous du chiffre qu'elles ont atteint antérieurement, savoir : 17,641 quintaux métriques en 1846, et 14,869 quintaux en 1847, chiffres déjà inférieurs à ceux des années précédentes. La concurrence belge dans les limites où elle est renfermée aujourd'hui n'a donc rien qui doive sérieusement inquiéter notre industrie linière.

Les faits ainsi rétablis sous leur véritable jour, j'entre dans l'examen de l'augmentation sur laquelle repose la réclamation du Comité du tissage.

On sait généralement que la chaîne d'un tissu conserve la même régularité dans toute sa longueur, c'est-à-dire depuis le commencement jusqu'à la fin de la pièce, tandis qu'il n'en est pas ainsi de la trame, surtout quand il s'agit de toiles fabriquées à la main, puisqu'il dépend de l'ouvrier de serrer plus ou moins le tissu selon qu'il frappe plus ou moins fort la trame qu'il introduit dans la chaîne. La loi a donc sagement fait d'indiquer la chaîne comme devant déterminer la finesse du tissu, autrement, elle aurait donné ouverture à des contestations sans fin.

Lorsque le tarif des toiles a été modifié par l'ordonnance du 26 juin 1842, confirmée depuis par la loi du 9 juin 1845, on a eu soin de tenir compte, pour arbitrer le tarif des fils et de combiner les droits applicables à l'un et à l'autre produit, de manière à laisser une marge suffisante à l'industrie du tissage. À cette époque, mon département a fait appel aux connaissances d'hommes pratiques qui n'ont pas laissé ignorer que les fils employés pour la trame étaient toujours plus fins que ceux qui servent à faire la chaîne; c'est à l'aide de ces données qu'a été établi le tableau E joint à l'exposé des motifs qui est devenu la loi du 9 juin 1845. Les bases de ce tableau n'ont été constestées par personne, et je ne saurais mieux faire, Messieurs, que de vous en adresser une copie. Vous remarquerez qu'il diffère notablement des données indiquées par les réclamants.

Jusqu'à preuve contraire, je dois considérer comme exacts les éléments qui ont servi à établir le tarif actuel des fils et des toiles de lin et de chanvre, et vous comprendrez, dès-lors, qu'il m'est impossible d'accueillir la réclamation que vous m'avez transmise.

Recevez, Messieurs, l'assurance de ma considération distinguée,

Le Ministre de l'Agriculture et du Commerce,

Schneider.

A cette lettre était annexé le tableau suivant :

(*Voir d'autre part.*)

Copie de ces pièces sera adressée aux divers comités locaux pour y fournir les éléments de la réponse.

La séance est levée et renvoyée au 2 avril.

<table>
<tr><td>Le Secrétaire,</td><td>Pour le Président,</td></tr>
<tr><td>Ch. de Franciosi.</td><td>Lemaitre-Demeestere.</td></tr>
</table>

TABLEAU REPRÉSENTANT

1.° Le rapport existant entre les numéros des fils et les classes de toiles de lin qu ils servent à fabriquer ;

2.° Le report à faire sur le tarif des toiles de l'augmentation de droits qui a été imposée aux fils.

TARIF en vigueur sur les fils avant l'ordonnance du 26 juin 1842.	Tarif établi par l'ordonnance du 26 juin 1842.	Différence entre le tarif antérieur et le tarif actuel.	CLASSES des toiles d'après la loi du 5 juillet 1836.	Numéro des fils d'après le système anglais entrant dans la composition des toiles. en chaine.	en trame.	Augmentation des charges résultant pour les toiles du nouveau tarif des fils. 50 kil. en chaine.	50 kil. en trame.	Total pour 100 kil. de toiles.	Freinte 15 p. %/₀	100 kil. de toile, freinte comprise.
						fr. c.	fr. c.	fr. c.	fr. c.	fr. c.
1.re classe de 8 à 10 angl. 16 fr.	38 fr.	22 fr.	moins de 8 fils	8-12-15	10-12-16-18	11 66	11 75	23 41	3 51	26 92
			de 8 fils.	16	20-28	12 »	16 »	28 »	4 20	32 20
2.e classe de 11 à 20 24 fr.	48 fr.	24 fr.	de 9 à 12 exclus.	18-20-22-24-25	23-24-25-30-35	16 80	20 »	36 80	5 52	42 32
			de 12 fils.	28-30	35-40	20 »	20 »	40 »	6 »	46 »
3.e classe du 21 à 40 40 fr.	80 fr.	40 fr.	de 13 à 16 exclus.	30-35-40	45-50-55-60	20 »	27 50	47 50	7 13	54 63
			de 16 fils.	45	60-70	27 50	27 50	55 »	8 25	63 25
			de 17 fils.	50	75	27 50	27 50	55 »	8 25	63 25
4.e classe au-dessus du N.° 40. 70 fr.	125 fr.	55 fr.	de 18 et 19 fils.	55-60	75-80	27 50	27 50	55 »	8 25	63 25
			de 20 fils.	65-75 »	90-100	27 50	27 50	55 »	8 25	63 25
			au-dessus de 20.	»	»	27 50	27 50	55 »	8 25	63 25

Séances des 2 et 16 avril 1851

Des séances ont été indiquées pour les 2 et 16 avril, mais le nombre des membres présents était insuffisant pour que l'on pût se livrer à aucune délibération. Une nouvelle séance est indiquée pour le 23 avril, afin de pourvoir à une autre condition de réunion.

Le Secrétaire,
CH. DE FRANCIOSI.

Séance du 23 avril 1851.

La question est posée sur le jour et l'heure des réunions. Un membre propose d'en changer le jour et demande que les réunions aient lieu le jeudi ; il trouve à cet arrangement un avantage pour les membres étrangers à la ville, lesquels pourront trouver le jeudi plus facilement à qui parler aux commis des marchands de fils, que le grand nombre de clients accapare le mercredi.

La proposition n'est pas adoptée, le mercredi est conservé.

On propose de choisir trois heures après midi pour le moment de la réunion. Cette proposition est unanimement acceptée.

Les réunions ont lieu depuis trois mois chez M. le Secrétaire.

Enfin, considérant que la multiplicité des séances est un obstacle à la régularité des membres, on décide d'en revenir aux termes des statuts et de se réunir le premier mercredi de chaque mois, à moins que des circonstances exceptionnelles ne nécessitent une réunion hors de cette date.

MM. les membres présents déposent sur le bureau le re-

sultat de leurs études pour la réponse à adresser à M. le
Ministre. Ces communications sont remises à M. le Secrétaire chargé de préparer avec l'un des membres un rapport
qui sera adressé à chaque comité afin que la discussion
puisse avoir lieu à la prochaine séance, le 7 mai.

Le Secrétaire,
Ch. DE FRANCQUI.

Pour le Président,
LEMAITRE-DEMEESTERE.

Séance du 7 mai 1851.

Furent présents MM. A. GRENIER, BÉGHIN, J.^h DANSET,
LEMAITRE et L.^s VIENNE.

Aucune observation n'ayant été présentée sur le projet de
réponse à adresser à M. le Ministre, il est décidé que cette
réponse sera transmise par les soins de la Chambre de Commerce lorsqu'on aura recueilli les échantillons. En voici les
termes :

Monsieur le Ministre,

Par votre lettre du 21 mars dernier, adressée à MM. les
Membres de la Chambre de Commerce de Lille, en réponse
à notre réclamation relative à l'exécution donnée au traité
Belge, vous concluez : « Jusqu'à preuve contraire, je dois
» considérer comme exacts les éléments qui ont servi à
» établir le tarif actuel des fils et des toiles de lin et de
» chanvre, et vous comprendrez, dès-lors, qu'il m'est im-
» possible d'accorder la réclamation que vous m'avez trans-
» mise. »

Vous dites dans cette même lettre : « Les droits actuel-
» lement établis sur les toiles de lin et de chanvre varient
» suivant la finesse des toiles, et pour constater cette fi-

» finesse on compte le nombre de fils *en chaîne* qui se
» trouvent dans cinq millimètres carrés....... La chaîne
» d'un tissu conserve la même régularité dans toute sa lon-
» gueur, c'est-à-dire depuis le commencement jusqu'à la
» fin de la pièce, tandis qu'il n'en est pas ainsi de la trame,
» surtout quand il s'agit de toiles fabriquées à la main,
» puis qu'il dépend de l'ouvrier de serrer plus ou moins le
» tissu selon qu'il frappe plus ou moins fort la trame..... »

Vous ajoutez encore que les numéros de fils employés dans
la fabrication d'après notre rapport diffèrent notablement de
ceux indiqués dans le tableau E annexé à votre lettre.

Les numéros de fils d'après le système anglais que le tableau E indique comme entrant dans la composition des
toiles pouvaient être exacts en 1842, alors que la fabrication de la toile en Belgique se faisait principalement par les
ouvriers de la chaumière qui récoltaient leur lin, le filaient,
le tissaient, et vendaient leur toile sur le marché. Mais
aujourd'hui, la fabrication a quitté la chaumière, elle est
passée dans les mains des capitalistes qui fabriquent la
toile avec des fils mécaniques, qui, pour leurs relations
avec nos marchés, ont étudié avec le plus grand soin le
côté faible du tarif, afin de profiter de tous les moyens
d'éluder le traité, et ont été ainsi amenés à changer le
mode de fabrication. Ils ont employé un numérotage plus
fin et ont interverti les bases de la chaîne et de la trame ;
c'est ainsi que dans notre premier rapport nous avons pu
dire que la toile se fait actuellement plutôt par la trame que
par la chaîne. Il n'en était pas de même en 1842. Nous ré-
pétons que telle toile qui compte 11 fils en chaîne en compte
13 et 14 en trame ; au contraire, la toile faite d'après les
indications du tableau comptait 11 fils en chaîne et 9 ou 10
au plus en trame.

Nous avons constaté d'une manière exacte et nous fournirons les preuves matérielles à l'appui, le numérotage des fils des diverses catégories de toile, nous mettons en regard les indications de votre tableau et celles qui proviennent de nos constatations.

Numéros des fils d'après le système anglais entrant dans la composition des toiles.

Classes des toiles.	Indications du tableau ministériel.		Indications du Comité de tissage.	
	chaîne.	trame.	chaîne	trame.
moins de 8 fils.	8-12-14	10-12-16-18	18-22	20-28
de 8 fils.	16	20-22	25	30
de 9 à 12 exclus.	18-20-22-24-25	22-24-25-30-35	25-45	35-45
de 12 fils.	28-30	35-40	45	50
de 13 à 16 exclus.	30-35-40	45-50-55-60	50-60	55-85
de 16 fils.	45	60-70	60	85-90
de 17 fils.	50	75	70	90-100
de 18 et 19 fils.	55-60	75-80	70-80	100-110
de 20 fils.	65-75	90-100	80	120
au-dessus.	»	»	»	»

Notre tableau, M. le Ministre, présente les véritables éléments de la fabrication de presque toutes les toiles qui nous arrivent de la Belgique. Quant aux toiles fabriquées selon les bases de votre tableau, il n'en entre plus, ou très-peu, avec les derniers numéros de fil de votre série.

Nous avons annoncé des preuves matérielles, vous les trouverez jointes à cette lettre, ce sont des échantillons de toiles fabriquées en Belgique, échantillons levés sur des pièces en douane de Lille, et fabriquées suivant les bases fournies par notre tableau.

L'échantillon N.° 1 est relatif à la toile de moins de 8 fils.

—	2	—	—	de 8 fils.
—	3	—	—	de 11 fils.
—	4	—	—	de 12 fils.

Un échantillon porte le N.° 5, il est revêtu d'un cachet officiel. C'un un échantillon type qui a servi à l'adjudication du 10 août 1847 pour la toile à doublure pour le service de l'habillement, du campement et du harnachement (Ministère de la Guerre); il est fabriqué avec des N.°² 20 et 22, quoique ne comptant que 7 à 8 fils et devant supporter une force dynamométrique de 90 kilog. en chaîne et en trame, selon les prescriptions du cahier des charges. Il est facile de voir combien cet échantillon est peu en harmonie avec les bases de fabrication posées dans le tableau E.

Avant de revenir à votre réponse, un dernier mot sur ce tableau E. Les colonnes 7, 8, 9, 10 et 11 contenues sous ce titre : *Augmentation des charges résultant pour les toiles du nouveau tarif des fils*, n'ont pas été comprises par le Comité; une explication nous est indispensable pour y faire nos observations s'il y a lieu.

Dans votre lettre, Monsieur le Ministre, vous dites que nous ne pouvons prendre pour bases de nos réclamations les importations de 1848 qui étaient de 7,360 quintaux métriques; de 1849, qui étaient de 9,617 quintaux métriques; de 1850, qui étaient de 13,362 q., et vous objectez que les importations ont été de 17,641 q. en 1846, et de 14,869 q. en 1847, chiffres supérieurs à ceux de 1850. N'y aurait-il pas ici une comparaison défectueuse, où d'un côté l'on n'admet que *onze* mois de 1848, 1849 et 1850, tandis que l'on a pris les années 1846 et 1847 en *entier*? Il ne faut pas perdre de vue, que la toile se faisant maintenant avec des numéros plus fins, un poids égal, un poids inférieur même, peut représenter une valeur bien plus grande, et si l'augmentation de poids n'existe pas, l'augmentation de valeur n'est pas moins réelle.

Telles sont, M. le Ministre, les réponses que nous a suggérées votre lettre ; nous pensons avoir suffisamment confirmé les allégations de notre premier rapport, la *preuve contraire* demandée par vous est faite ; notre réclamation peut maintenant être accueillie ; c'est notre espoir fondé. »

Un membre expose que le deuxième rapport avait été envoyé à la Chambre de Commerce pour qu'il fût par elle appuyé et transmis à M. le Ministre. La Chambre crut devoir procéder à une expérience pour contrôler les faits énoncés.

Dans l'intervalle et trois semaines environ après l'envoi à la Chambre, sur les observations de quelques membres du Comité, le Secrétaire ne doutant pas que le rapport eût été envoyé au Ministre, en adressa des copies aux journaux qui lui donnèrent de la publicité.

Quelques jours après, M. le Président de la Chambre renvoya le rapport, en disant qu'à raison de cette publicité, la Chambre ne pouvait plus transmettre elle-même cette pièce et engagea le Comité à faire un envoi direct, en promettant toutefois son appui lorsqu'elle serait consultée.

Les membres présents regrettent ce malentendu, et invitent le Secrétaire à s'enquérir, à l'avenir, de l'état des choses avant de rien livrer à la presse ; ils décident que le rapport sera envoyé par l'intermédiaire de M. le Préfet.

L'ordre du jour étant épuisé, la séance est levée et renvoyée au 7 juin.

Le Secrétaire,
Ch. DE FRANÇOIS.

Pour le Président,
LEMAIRE DEBRESTIER.

Séance du 7 juin 1851.

Furent présents MM. CASSE, LEMAITRE, J.^{le} DANSET.

M. J.^{le} DANSET fait connaître qu'une demande a été adressée au Comité par la Chambre de Commerce pour obtenir des renseignements sur l'état du tissage en 1844-1851, années comparées et portant sur ces points :

Le nombre des métiers mécaniques   dans le Nord et le
—   —   à main.   Pas-de-Calais.

Le nombre d'ouvriers employés dans le département.

La quantité et la valeur des toiles produites.

Ces documents serviront à M. Thiers pour discussion dans les bureaux de l'Assemblée relativement au traité belge.

M. J. DANSET se charge de ce travail pour Lille et les environs ; M. le Secrétaire écrira dans le but indiqué à MM. DANSETTE à Armentières ; DUHAMEL à Merville, HOVYN à Comines ; VIENNE à Roncq ; DEBUISSER à Richebourg-l'Avoué ; LEMAIRE à Provins.

Aucun autre sujet n'étant à l'ordre du jour la séance est levée. La prochaine réunion aura lieu sur convocation.

<table>
<tr><td>Le Secrétaire,</td><td></td><td>Le Président,</td></tr>
<tr><td>CH. DE FRANCQUE.</td><td></td><td>LEMAITRE.</td></tr>
</table>

Séance du 16 juillet 1851.

Furent présents MM. DANSETTE-LEBLON, J.^{le} DANSET, L., VIENNE, J. CASSE, DUHAMEL, LEMAITRE, BÉGHIN, GRENIER.

La chambre de Commerce de Lille a provoqué l'opinion du Comité concernant la proposition de cinq représentants du Nord, qui demandent que les lins teillés et les étoupes soient frappés à l'importation en France d'un droit de 15 fr. les °/₀ kil. et les lins peignés de 25 francs.

Un membre pense qu'on ne peut repousser cette demande, les plaintes de l'agriculture seront certainement écoutées par la Chambre, où se trouvent de nombreux agriculteurs.

Mais si une protection est accordée à l'agriculture par la surtaxe demandée, on ne saurait laisser subsister tels qu'ils sont les tarifs des toiles et des fils, l'équilibre serait rompu, il faut chercher à le rétablir.

M. J.ᵇ DANSET croit qu'on y parviendrait en doublant le nombre des catégories de fils, la classification lui paraît anormale, la différence entre les classes est exagérée, les degrés de l'échelle des numéros extrêmes de série trop étendue. Ainsi, il est déraisonnable de penser que le fil N.º 22 et celui du N.º 40, entre lesquels existe une différence de poids immense, soient imposés au même droit. L'opinant estime que le dédoublement qu'il propose balancerait les droits d'une manière plus exacte.

M. LEMAITRE demande une diminution sur certaines catégories de fil seulement.

M. Jean CASSE demande une diminution sur toutes les catégories.

M. DANSET croit que des demandes en diminution n'auraient aucune chance, tandis que sa proposition pourrait être prise en considération.

La discussion se résume en ce sens.

L'intérêt du tissage s'oppose à l'adoption de la proposition d'une surtaxe sur les lins, le Comité doit la repousser. Si cependant elle était adoptée, cette adoption devrait inévitablement faire augmenter les tarifs des fils et des toiles. Or, cette augmentation touche aux bases d'un traité qui ne peut être modifié avant son expiration. Alors, si la proposition relative aux lins est accueillie, il faudra démontrer

que la classification actuelle des fils est erronnée, et propo-
ser de lui substituer la classification suivante :

Catégories.	N.° de fils.	Droit sur ½ kil., plus le 10.° à ajouter.	
6,000 m. au moins	1 à 10	17 fr. 60 c.	
6,000 à 9,000	10 à 16	23	
9,000 à 12,000	16 à 20	26	40
12,000 a 18,000	20 à 30	35	20
18,000 à 21,000	30 à 40	44	
24,000 à 30,000	40 à 50	60	
30,000 à 36,000	50 à 60	76	
36,000 et plus	60 et au-dessus	83	

Et si ce moyen ne suffisait pas pour protéger suffisamment le tissage, il y aurait à demander des diminutions
sur les catégories.

Un membre demande que l'on appuie sur le refus de l'im-
pôt sur les lins par les considérations suivantes :

Si les lins sont haussés par la surtaxe et n'arrivent plus,
les fils viendront prendre leur place sur nos marchés, et
cela constituera une perte pour la filature, sans avantage
pour l'agriculture, qui ne trouvera pas mieux à écouler ses lins;

Si la production des fils de lin haussée par la surtaxe,
rend les toiles trop chères, le consommateur se jettera sur
les tissus d coton, donc perte pour le tissage et la filature
de lin sans gain pour l'agriculture.

Un rapport sera préparé pour la séance du 23 courant
suivant ces idées; on y reprendra les considérations des
précédents rapports, insistant aussi sur la nécessité de réduire le chiffre de l'importation accordée aux toiles belges
et sur l'abaissement des types.

La séance est levée.

Le Secrétaire,
Ch. de Francqui.
Le Président,
H. Dansette.

Séance du 23 juillet 1851.

Cinq membres seulement sont présents à la séance. M. le Secrétaire donne lecture du rapport suivant :

« Monsieur le Président,

» Sur la demande qui lui en a été faite, le Comité du tissage a examiné très-attentivement les conséquences probables de l'adoption de la proposition de cinq représentants du Nord, ayant pour but d'augmenter le droit d'importation en France des lins étrangers, proposition qui se traduit ainsi :

Droit à l'importation des lins teillés et des étoupes, **15 fr.** les %, kil.

Droit à l'importation des lins peignés, **25 fr.** les %, kil.

» La nécessité d'un droit protecteur pour l'agriculture est trop évidente pour qu'il nous soit permis de la contester ; mais tout en reconnaissant cette nécessité, le Comité n'a pu ne pas se placer sur le terrain propre de son industrie, et à ce point de vue l'opinion unanime a été de repousser, quand à présent du moins, la proposition faite à l'Assemblée législative.

» Il serait superflu de chercher à prouver combien serait défavorable pour le tissage une augmentation de droit sur les lins, les droits protecteurs des fils et des toiles restant ce qu'ils sont.

» Ajoutons seulement que l'intérêt de l'agriculture s'oppose à l'adoption de la proposition.

» En effet, suppose le droit protecteur de l'agriculture admis, le lin français hausse ses prix, ce droit permet de reculer la limite des prix actuels ; les fils étrangers placés alors par rapport aux lins étrangers dans la position où se trouvent aujourd'hui les toiles par rapport aux fils, c'est-à-dire pouvant entrer en France à des conditions moins onéreuses, le tissage s'approvisionnera à l'étranger; la filature française n'ayant plus de débouchés et ayant à lutter contre la concurrence étrangère, sera obligée ou de vendre à perte, ou d'arrêter sa fabrication, et dans ce dernier cas, les lins demeureront invendus chez le cultivateur. Donc, dommage pour l'agriculture, dommage pour la filature.

» Ou bien encore, il pourra arriver que les tissus de lin, atteignant des prix trop élevés, le consommateur se rejettera sur les tissus de coton, et l'agriculture, la filature et le tissage du lin tomberont dans un état pire que l'état du jour.

» Faut-il donc abandonner toute idée de protection pour l'agriculture? Faut-il la laisser languir dans une de ses branches qui, tôt ou tard, finirait par s'anéantir?

» Non certainement. Mais si l'on accorde une protection nouvelle à l'agriculture, on ne peut le faire qu'en équilibrant les droits protecteurs du tissage. Or, ces droits dépendent d'un traité auquel il ne sera permis de toucher que dans un an. Il faut s'abstenir quant à présent.

» Prévoyons cependant ce que le tissage devrait demander alors et entrons dans la seconde partie des renseignements demandés : quelles modifications devrait-on apporter dans le renouvellement du traité?

» Qu'une protection nouvelle soit accordée à l'agriculture, nous ne nous y opposons pas. En quelle mesure? Nous n'avons pas à nous en occuper. Mais quelle qu'en soit l'importance, nous réclamons que l'on sauvegarde en même temps les intérêts du tissage. Cette sauvegarde, nous la trouvons dans une modification de la classification des catégories de fil.

» La classification du tarif de 1842 nous semble une erreur ; les degrés entre les catégories sont trop étendus. Nous proposons de les diviser par la création de catégories intermédiaires dont les droits seraient le droit de la catégorie inférieure augmenté de la moitié de la différence de ce droit avec celui de la catégorie supérieure.

» Voici ce que deviendrait la classification :

```
Fils de 6,000 m. au moins payant  16 fr. 60    N.º   1 à 10
  —     6,000    à  9,000    —     22    »          10 à 16
  —     9,000    à 12,000    —     26   40          16 à 20
  —    12,000    à 18,000    —     35   20          20 à 30
  —    18,000    à 21,000    —     41    »          30 à 40
  —    24,000    à 30,000    —     60    »          40 à 50
  —    30,000    à 36,000    —     76    »          50 à 60
  —    36,000 et au-dessus   —     83    » 60 et au dessus
```

» Quant aux autres modifications, nous les avons précédemment indiquées ; nous allons les rappeler.

» Changer la fixation du mode des comptes de fils. Nous avons exposé (rapport du 18 janvier 1851) comment par une chaîne claire et une trame fournie les Belges et les Anglais fabriquaient des toiles payant un droit moindre que le droit *intentionnel* du traité, ce résultat s'obtenant parce que le compte des fils se fait sur la chaîne seule. Nous nous referons à ce que nous avons dit à cet égard, et demandons que le compte s'établisse sur la moyenne de la chaîne et de la trame réunies.

» Nous demandons que l'on ne considère comme écrue que toute toile en ayant réellement l'apparence, et par conséquent, nous concluons à la suppression des types.

» On objectera que les Belges fabriquent des toiles avec des lins rouis dans les eaux de la Lys et dont la nuance n'est plus celle de l'écru.

» Nous répondrons : la Belgique ne produit pas un dixième de lin blanc sur sa récolte. Ce lin blanc peut se consommer à l'intérieur et une faible quantité ne doit pas servir de type à des toiles qui ont subi, pour arriver à la même teinte, une freinte de 15 à 20 p. % dans l'opération du débouillissage. La Belgique ne pouvant plus nous envoyer que des toiles incontestablement écrues, on verrait disparaître ces réclamations sans fin des fabricants belges contre les décisions de la douane; il n'y aurait plus une sorte de légalisation donnée à la fraude par l'établissement des types dans ces occasions nombreuses où il est si difficile de décider si la toile a été fabriquée avec du fil écru ou avec du fil crêmé. »

Les termes de ce rapport sont adoptés.

M. le Secrétaire est chargé d'en faire l'envoi à la Chambre de Commerce.

On s'occupe de mesures à prendre pour le moment de la discussion du traité belge. Il est décidé que des lettres seront adressées à MM. les fabricants de toiles des divers point de la France, et notamment à M. CONEN, à Paris; M. DELOYE et C.ª à Cambrai, pour leur demander quels sont leurs moyens de défense, leurs idées, et les engager à la formation d'un Comité central à Paris, au moyen d'un délégué de chaque Comité local.

M. le Secrétaire rappelle à MM. les membres présents qu'il reste à percevoir un certain nombre de cotisations, il est nécessaire de ne pas négliger ces rentrées, car prochainement, il faudra demander la souscription de la seconde annuité, et il serait de quelqu'inconvénient peut-être d'avoir à réclamer deux années en même temps.

La séance est levée.

Le Secrétaire,
CH.DE FRANÇOIS.

Séance du 9 août 1851.

Le rapport du Comité de tissage communiqué par la Chambre de Commerce au Comité de filature a soulevé des réclamations de la part des membres de ce dernier. La proposition concernant la multiplication des catégories de fil leur a paru une diminution réelle sur les catégories intermédiaires qu'on voudrait créer, la filature ne pourrait accepter un tel arrangement. Il a paru qu'une réunion des deux comités serait utile pour arriver à une conciliation désirable entre deux industries qui ont des intérêts communs.

Cinq membres du Comité du tissage, MM. DANSETTE-LEBLON, J.ᵇ DANSET, LEMAITRE, DUHAMEL, VIENNE prennent part à cette séance, où, pendant plus de deux heures, la discussion va d'un objet à l'autre, sur le traité belge et la possibilité qu'il soit renouvelé dans les mêmes termes, sur l'opportunité de la proposition des lins, sur l'antagonisme de la filature et du tissage qui doivent plutôt s'entr'aider que se combattre.

On finit à peu près par s'entendre sur la résolution de repousser la proposition; mais on se sépare plus que jamais sur les moyen de combattre les résultats en cas d'adoption. La filature reconnaît les droits du tissage à une protection d'autant plus grande que le traité de 1842 lui a été peu favorable; mais la filature n'admet pas la déclassification des fils que demande le tissage.

La discussion ne pouvant aboutir, la séance est levée sans résultat.

<table>
<tr><td>Le Secrétaire,</td><td>Le Président,</td></tr>
<tr><td>CH. DE FRANCIOSI.</td><td>H. DANSETTE.</td></tr>
</table>

Séance du 13 août 1851.

Furent présents MM. J.^h Danset, Lemaitre, Begnin, Hovyn et Vienne.

En présence du non-résultat de la réunion mixte des deux Comités, le Comité du tissage pense qu'il y aurait meilleur moyen de s'entendre en nommant de chaque côté une commission de trois membres seulement, afin de borner la discussion.

M. Danset demande au Comité si la commission pourrait faire à la commission de filature la proposition suivante :

On aviserait pour faire collectivement des démarches à Paris, la filature appuierait le tissage dans ses efforts concernant les demandes propres à cette industrie. Si on échouait, le tissage, sans l'appui de la filature, mais aussi sans la trouver en opposition, demanderait la classification des fils dont il a été question précédemment.

Cette motion est adoptée.

Sont nommés pour faire partie de la commission du tissage MM. Dansette-Leblon, J.^h Danset et Lemaitre, et supplétivement pour la question des lins blancs de Belgique, que le Comité prétend être de très minime importance comme produit, on adjoint à la commission M. Vienne.

Une réunion des deux commissions aura lieu le 20 août.

La séance est levée.

<table>
<tr><td>Le Secrétaire,</td><td>Pour le Président,</td></tr>
<tr><td>CH. DE FRANCIOSI.</td><td>LEMAITRE-DEMEESTERE.</td></tr>
</table>

Séance du 1.er octobre 1851.

La commission du Comité du tissage et celle de la filature se sont réunies pour conférer des mesures à prendre en commun et par conciliation dans la question de la surtaxe sur les lins importés de l'étranger en France.

Après avoir examiné la position de l'agriculture et des deux industries linières, les deux commissions sont demeurées convaincues que l'adoption de la proposition serait, non-seulement préjudiciable à la filature et au tissage, mais encore nuisible peut-être à l'agriculture. La filature persiste à repousser la proposition ; l'opinion du tissage est la même. Mais cependant, si l'agriculture persiste à demander le nouveau droit, l'économie du système protectionniste ne permet pas de s'y opposer absolument. Il faudrait faire des concessions, tout en demandant aux tarifs des fils et des toiles des modifications qui rétablissent l'équilibre.

On voit donc que ces changements qui touchent à un traité existant ne pourront avoir lieu qu'au renouvellement du traité.

Si la proposition est adoptée, il faudra demander une surtaxe sur les fils ; mais pour les toiles, ce sera une prétention bien plus élevée, car outre la surtaxe causée par le nouveau droit, le tissage doit obtenir une autre augmentation qui compense la position défavorable que lui a faite le traité de 1842.

En entrant dans cette voie de concessions réciproques, les trois branches de l'industrie linière se donnant mutuel appui, auront quelques chances de voir accueillir des demandes qui, combattues les unes les autres par les intérêts particuliers, succomberaient selon toute probabilité. C'est une nécessité incontestable que celle de l'union demandée, il faut en accepter les inconvénients qui sont largement compensés par les avantages.

Le Comité de filature et le Comité de tissage présenteront donc un rapport unique en deux parties, qui seront traitées par les deux industries. La filature l'a commencé, il est soumis aujourd'hui pour sa continuation au tissage.

Mais dans une question aussi grave, qui touche au cœur des intérêts les plus recommandables, le Comité desire ne prendre de décision qu'après sérieux et complet examen de la part de tous les membres.

Une recommandation pressante sera donc adressée aux absents de la part de ceux qui sont présents, de se trouver à la réunion du 8 courant. Il sera adressée à chacun un résumé du travail de la filature.

M. le Secrétaire donne lecture d'une lettre de M. J. CASSE qui, a raison de ses occupations et de ses absences multipliées, offre sa démission.

M. Le Roy, de Bruxelles, auteur d'un nouveau système de tissage, demande de M. le Maire de Lille deux ouvriers très-capables pour diriger un atelier modèle. La Chambre de Commerce consultée à ce sujet, renvoie la lettre de M. Le Roy au Comité du tissage. Le Comité ne pense pas devoir s'occuper de la demande de M. Le Roy. M. le Secrétaire répondra en ce sens à M. le Président de la Chambre de Commerce.

Dix-huit circulaires ont été envoyées à divers fabricants de toiles pour les mettre au courant des travaux du Comité, concernant le traité belge, demandant leurs avis, etc.

Quatre seulement ont répondu, leurs lettres sont communiquées au Comité. Il leur sera fait réponse lorsque le

Comité aura terminé le rapport actuellement en préparation.

La séance est levée et renvoyée au 8 octobre.

Le Secrétaire,
CH. DE FRANCQUI.

Séance du 8 octobre 1851.

Furent présents MM. DANSETTE-LEBLON, président, DES-
TAILLEURS, J.^h DANSEL, DUHAMEL, A. GRENIER, LEMAITRE et
VIENNE.

M. J.^h DANSEL fait connaître à l'assemblée le résultat des
conférences qui ont eu lieu entre les commissions du tissage
et de la filature ; puis il est donné lecture du rapport suivant
du Comité de filature, qui en contient le résumé.

*A Messieurs les membres de la Chambre de Commerce
de Lille.*

« MESSIEURS,

» Les Comités réunis du tissage et de la filature de lin
viennent examiner devant vous la question de savoir, s'il
convient ou non d'appuyer la proposition faite à la Chambre
des Représentants d'augmenter les droits d'entrée sur les
lins étrangers.

» Quant à l'opportunité actuelle de la proposition, elle ne
peut être mise en doute ; la Chambre de Commerce a reconnu avec nous, que pour donner quelque qu'efficacité à
la mesure en question il fallait nécessairement que la surtaxe demandée fut suivie d'une augmentation proposée sur
les droits d'entrée des fils et des toiles. Or, le traité avec la
Belgique nous défend de rien changer à cet égard ; reste

donc à examiner ce qu'il y aurait à faire à l'expiration de ce traité.

« Dans un rapport précédent, le Comité de filature a cru devoir repousser la proposition d'une manière absolue, en établissant que la mesure projetée serait d'un effet nul, et peut-être nuisible aux intérêts généraux de l'agriculture, et que d'un autre côté elle deviendrait une entrave sérieuse au développement de la filature de lin.

« Nous allons résumer les divers arguments sur lesquels se fonde notre opinion en répondant à quelques observations qu'elle a soulevées dans le sein de la Chambre.

» Au point de vue de l'agriculture la question doit être envisagée sous deux aspects différents.

» S'agit-il de toute la fabrication? si l'on veut trouver dans la culture du lin un soulagement aux souffrances de l'agriculture, c'est en répandant les connaissances nécessaires à cette culture, et notamment les procédés du rouissage et du tissage de lin, qu'on arrivera à un résultat satisfaisant. Il est reconnu que plus de la moitié du territoire français est propre à la culture du lin, et cependant on n'y consacre pas la centième partie. Dans plusieurs contrées, le lin n'est cultivé que pour la graine, on en brûle la tige faute de connaissances nécessaires pour en tirer la filasse; à l'heure qu'il est, il nous arrive encore de la Mayenne des lins teillés bien inférieurs pour le travail aux lins de Russie les plus communs. Dans cette position, à quoi servirait une surtaxe sur les lins étrangers.

» Si le Gouvernement cherche dans la culture des lins une ressource d'avenir pour l'agriculture, qu'il crée dans les localités les plus convenables des sociétés à l'instar de l'Irlande, qu'il y transplante des cultivateurs flamands, et surtout des ouvriers connaissant le rouissage et le teillage du lin. Nous ne faisons pas ici de la théorie, il ne s'agit pas d'une amélioration problématique, mais d'une opération commerciale pratique que les filateurs anglais n'ont pas craint d'entreprendre à leurs frais en Égypte, en Irlande et en Russie, et qui, partout, a donné les meilleurs résultats.

» Si nous envisageons seulement la culture de notre département, la question change d'aspect. L'un d'entre vous, Messieurs, représentant d'une manière plus spéciale les intérêts de l'agriculture, nous a fait observer que dans le Nord la culture du lin était arrivée à un haut degré de perfectionnement aussi bien que les méthodes de rouissage et teillage, et qu'ainsi il n'y avait rien à faire de ce côté.

» Cette opinion pourrait être controversée surtout pour ce qui concerne la deuxième partie, puisque l'on monte actuellement dans nos pays des établissements pour le rouissage, où l'on compte bien arriver à un rendement de lin supérieur à celui qu'on a obtenu jusqu'ici; mais en l'admettant comme fondée, s'en suit-il de là qu'il faille frapper d'une surtaxe l'entrée des lins étrangers ? En supposant que les lins du pays augmentent du montant de la surtaxe, ce serait là encore une bien faible ressource pour le cultivateur, car quelqu'avantage que présente momentanément la culture du lin, cette plante ne peut revenir dans l'assolement que par périodes de 8 à 9 années.

» Le lin ainsi que toutes les plantes mises en œuvre pour l'industrie est exposé à des variations de prix considérables occasionnées, non-seulement par le plus ou le moins d'abondance dans la récolte, mais encore par le plus ou le moins d'activité dans les affaires. Ces doubles fluctuations ne peuvent être réglementées par des droits protecteurs et le haut prix des fermages dans notre pays doit souvent détourner d'une culture aussi chanceuse. Doit-on, pour maintenir la valeur factice que nos terres ont acquise depuis quel-

ques années , protéger par de nouvelles surtaxes une culture qui ne subside dans notre département que grâce à
l'ignorance où sont encore les autres départements.

» Voilà la question que nous posons nettement aux agriculteurs du département. Si après avoir entendu nos observations ils persistent dans leur demande ; s'ils veulent faire
l'essai d'une surtaxe modérée , nous n'y ferons pas opposition. Le système protecteur auquel nous devons tous les dé-
veloppements de notre industrie linière , nous impose à cet
égard des obligations auxquelles nous devons nous sou-
mettre. L'alliance intime de l'agriculture , de la filature et
du tissage , nous paraît par trop nécessaire pour que nous
fournissions le prétexte d'une rupture ; si l'agriculture persiste
dans la voie où elle paraît vouloir entrer nous l'y suivrons ,
et dans ce cas , permettez-nous , Messieurs , de développer
les conséquences de la mesure demandée.

» Quelque soit l'effet produit par la surtaxe sur le prix
des lins du pays , il n'en est pas moins évident que les
droits d'impôts sur les fils et les toiles auront diminué d'une
manière proportionnelle, puisque l'étranger aura pu acheter
son lin à 10 fr. de moins que les filateurs français. Ces
avantages , venant détruire l'équilibre que les anciens tarifs
établissaient entre les moyens de production , il y aura lieu
à réviser en même temps ces tarifs, sans quoi, les lins étrangers viendront immédiatement remplacer les nôtres sous
forme de fils et de toiles.

» Nous avons donc à examiner quelles seraient les modifications à apporter à ces tarifs dans le cas où l'on serait dis-
posé à répondre aux demandes de l'agriculture.

» Supposons la surtaxe fixée à 10 fr. et le dixième ainsi
qu'on le demande : Voici la proportion dans laquelle les
droits sur les fils devront être augmenté.

» 100 kilog. de lin teillé donnent en moyenne 80 kilog de

fils, la surtaxe proposée devra donc être équilibrée sur une augmentation de droits de 14 fr. 50 cent. par 100 kilog, de fils, ce qui modifiera de la manière suivante les tarifs actuellement en vigueur.

TARIF BELGE.

	Droit actuel.	Augmentation pour une surtaxe de 10 fr.
N.° 1 à 10	17 f. 60 c. pl. le 10.°	31 f. 60 c. pl. le 10.°
10 à 20	26 40 —	40 40 —
22 à 40	44 —	58 —
45 à 60	76 —	90 —
65 et au d.	83 —	97 —

TARIF ANGLAIS.

	Droit actuel.	Augmentation pour une surtaxe de 10 fr.
N.° 1 à 20	38 fr. plus le 10.°	52 fr. plus le 10.°
22 à 40	48 —	62 —
45 à 80	80 —	94 —
85 à 120	125 —	139 —
130 et au-d.	165 —	179 —

» Cette augmentation, tout en nous laissant dans les mêmes conditions à l'égard de nos voisins , aura à leurs yeux toutes les apparences d'une prohibition à laquelle ils consentiraient difficilement En effet, pour que ce droit ne devienne pas probitif, il faut que le prix des fils augmente en France du montant de la surtaxe. Mais dans ce cas , quelle sera la position du tissage des toiles ?

» Privé des débouchés extérieurs et resserré sur le marché français par la concurrence des autres matières textiles, pourra-t-il se contenter d'une protection analogue à celle réclamée par la filature et consistant en une augmentation du droit sur les toiles étrangères proportionnelle à la surtaxe des fils et des lins? Ici, la question change de face, et nous laissons à Messieurs les tisserands le soin de la traiter. »

Une discussion se produit sur le chiffre de la surtaxe (14 fr.) demandée par la filature. Ce chiffre est trop élevé, il a été calculé sur le droit nouveau, plus le dixième. Il convient de le réduire à 12 fr. 50 c.

Ces chiffres, il faut les accepter en marchant d'accord avec la filature, ou il faut se séparer et réclamer pour le tissage seul. Or, se mettre ainsi en opposition, c'est inévitablement aller tôt ou tard au libre échange, c'est-à-dire, combattre tout le système qui régit les diverses branches de l'industrie française.

Une opposition à la surtaxe des lins serait impolitique, l'opinion générale est que cette surtaxe sera adoptée en principe, le chiffre en variera peut-être. Or, adopter la surtaxe des lins, c'est s'engager à demander une surtaxe non-seulement pour les toiles, mais aussi pour les fils. En s'unissant, l'agriculture, la filature et le tissage donnent plus de force à leurs demandes. Il faut donc accepter la surtaxe.

Après une discussion sur le plus ou moins de profit que devra retirer l'agriculture de la protection nouvelle, M. le Président engage l'Assemblée à conclure.

Il est résolu que dans le rapport à adresser à la Chambre de Commerce, il faudra demander une première augmentation, rigoureusement nécessaire dans l'état actuel de l'industrie du tissage, motivée sur l'infériorité de la position faite à cette industrie en 1842, comparativement à la filature.

Une seconde augmentation résultant du nouveau droit imposé à l'importation des lins et des étoupes.

Pour le chiffre de la première augmentation, il sera l'objet d'études de la part de M. J.> Danser, et ses propositions seront communiquées aux membres du Comité.

La surtaxe devra-t-elle être uniforme sur toutes les catégories de toiles ? Oui, selon l'opinion générale, c'est une augmentation non sur la valeur, mais sur le poids de la marchandise. Il n'est pas fait de différence pour les lins des diverses qualités, pas de différence pour les divers numéros de fil; il ne doit pas en exister pour les toiles.

Le chiffre de la deuxième augmentation peut être facilement déterminé, c'est un chiffre proportionnel à la surtaxe des lins, des fils. 100 kilog. de lin teillé ou d'étoupes payant un nouveau droit de 10 fr., 100 kilog de fil payeront 12 fr. 50 c., puisque 100 kil. de lin teillé fournissent 80 kil. de fil; 100 kil. de toile payeront 14 fr. 70 c., parce que 100 kil. de fil ne produisent que 85 kil. de toile.

Un rapport sera préparé dans le sens de cette discussion; on y rappellera les demandes des rapports antérieurs; ce rapport sera soumis au Comité dans sa prochaine réunion, dont le terme sera ultérieurement fixé.

Le Secrétaire,
Cte de Francqueville.

Le Président,
B. Dansette.

Séance du 22 octobre 1851.

Furent présents MM. Dansette, président ; J.^h Danset, Beghin, Duhamel, Hovyn, Grenier, Lemaitre et Vienne.

M. le Secrétaire donne lecture du rapport suivant :

A MM. les Membres de la Chambre de Commerce de Lille,

« Messieurs,

» Le Comité du tissage, réuni à celui de la filature, a examiné avec l'attention sérieuse que demandait la gravité de la question la proposition de cinq représentants du Nord, tendant à frapper d'un nouveau droit à l'entrée en France les lins étrangers et les étoupes.

» Le Comité de filature s'est chargé de vous exprimer nos communs sentiments, nous nous associons complétement aux observations contenues dans son rapport, au point de vue général de l'agriculture et de la filature.

» Nous avons maintenant à nous occuper des diverses demandes que le tissage aurait à présenter dans le cas de l'adoption de la proposition, mais ces demandes sont primées par d'autres que nos précédents rapports ont formulées ou simplement indiquées. Nous croyons devoir les énoncer de nouveau afin de procéder d'une manière logique.

» Vous savez, Messieurs, et nous l'avons surabondamment prouvé, quelle position d'infériorité a été faite au tissage par le traité de 1842, comparativement à la filature. Le tarif des toiles mis en regard de celui des fils présente des inégalités incroyables dans certaines catégories, et telles, que le fabricant belge a grand avantage à introduire en France des toiles au lieu de fils.

» Dans notre lettre à M. le Ministre, en date du 18 janvier dernier, nous avons indiqué comme remède, lors du renouvellement du traité, une augmentation sur les premières catégories de toiles. Nous serons plus explicites aujourd'hui, les augmentations doivent, selon nous, porter sur les 1.re, 2.e, 3.e et 4.e catégories et de la manière suivante :

Toiles belges, 1.re catégorie, augmentation de 12 fr.
—   2.e   —   — de 11 fr.
—   3.e   —   — de 13 fr.
—   4.e   —   — de 7 fr. 50 c.

» L'augmentation serait double pour les toiles anglaises soumises à un droit double.

» Cette augmentation paraît devoir équilibrer les tarifs et des toiles et les tarifs deviendraient ceux-ci :

	TOILES BELGES.		TOILES ANGLAISES.	
	Droit actuel.	Droit nouveau.	Droit actuel.	Droit nouveau.
De moins de 8 fils	30 fr.	42 fr.	60 fr.	84 fr.
De 8 fils	36	47	80	102
De 9, 10, 11 fils	65	78	126	152
De 12 fils	75	82 50	144	159

Plus le dixième.

» Les autres catégories restent dans les anciens termes.

» Cette première augmentation, nous la demandons en tout état de choses ; la seconde est réclamée dans la prévision de l'augmentation sur le droit des lins et étoupes.

» Le Comité de filature dans son rapport, établit que 100 kil. de lin teillé ne produisent que 80 kil. de fil. Pour équilibrer le nouveau droit de 10 fr. par 100 kil de lin, la filature demande une surtaxe sur les fils de 12 fr. 50 sur les 100 kil. de fil.

» 100 kil. de fil produisent 85 kil. de toile, à cause de la freinte résultant du lessivage; le tissage réclame donc une surtaxe de 14 fr. 70 c. par 100 kil. de toiles.

» Les tarifs des toiles devraient donc être augmentés de cette surtaxe et deviendraient ceux-ci :

	TOILES BELGES.		TOILES ANGLAISES.	
Toiles de moins de 8 fils	56 fr.	70 c.	98 fr.	70 c.
— de 8 fils	61	70	116	70
— de 9, 10, 11 fils	92	70	166	70
— de 12 fils	97	20	173	70
— de 13, 14, 15 fils	119	70	215	70
— de 16 fils	164	70	281	70
— de 17 fils	184	70	301	70
— de 18, 19 fils	194	70	311	70
— de 20 fils	239	70	356	70
— au-dessus de 20 fils	364	70	481	70

Plus le dixième.

» Outre ces deux augmentations, l'une destinée à rétablir l'équilibre entre le tarif des fils et celui de toiles, l'autre demandée d'une manière hypothétique, nous avons encore quelques réclamations à présenter, nous les reprenons dans nos rapports antérieurs.

(*Voir le rapport du 23 juillet*, page 34.)

» Cet ensemble de demandes nous paraît résumer les besoins de l'industrie du tissage, elles seront une efficace protection contre la concurrence faite aux fabricants français par les fabricants belges, et nous obtiendrons, en la présentant, l'entier appui du Comité de la filature qui a scrupuleusement examiné nos réclamations et en a reconnu la justice. »

Une discussion s'engage sur le point de savoir si l'augmentation demandée doit être de 10, 20, 30, 40 p. %, ou si elle doit être formulée par un chiffre. Ce dernier mode parait préférable. A la première vue, une augmentation de 30 ou 40 p. °/₀ semble exagérée. Le même inconvénient disparaît si on se borne à demander un chiffre. On a alors cette justification de dire, en 1842, la filature a eu un privilège de 10 p. °/₀ sur le tissage, c'est donc, en égard à la freinte, une demande d'augmentation de 12 fr. qui doit se produire.

M. LEMAITRE voudrait que l'on demandât aussi une augtation sur les toiles fines, mais au lieu de la présenter au même titre que la première augmentation réclamée pour les quatre catégories de toiles plus grosses, il pense qu'on pourrait introduire cette augmentation dans celle qui a été demandée en prévision de la surtaxe des lins. On justifierait cette demande par ce motif qu'un même poids de tissu dans des catégories diverses présente une différence de valeur.

On fait observer à M. Lemaître que cette demande n'est pas possible. Aucune catégorie n'a été spécifiée pour les lins, la tarification en est uniforme, le droit est toujours le même, lins de Russie ou de Belgique, lins ou étoupes. C'est un tort peut être, mais l'agriculture, la filature ont accepté ces conditions, le tissage seul ne peut les repousser ni les modifier.

M. LEMAITRE persiste; selon lui, le tissage est plus intéressé que toutes autres branches de l'industrie linière à faire changer cette uniformité de tarif.

La discussion continue quelque temps encore; le Comité conclut en reconnaissant la nécessité pour les trois industries d'admettre une seule base d'argumentation, et par suite l'uniformité d'augmentation sur toutes les classes de toiles, comme il y a uniformité pour les lins et pour les fils; soit par 100 kil. de toile, 14 fr. 70 c

Quant à la première augmentation, il convient d'en don-

ner le chiffre sans parler de la proposition de la surtaxe.
Ainsi, tout en conservant cette proportion, on se bornerait
à présenter les chiffres suivants :

$$1.^{re} \text{ Catégorie. . . } 12 \text{ fr.}$$
$$2.^{e} \text{ idem . . . } 11 \text{ fr.}$$
$$3.^{e} \text{ idem . . . } 13 \text{ fr.}$$
$$4.^{e} \text{ idem . . . } 7 \text{ fr. } 50 \text{ c.}$$

Le rapport est adopté, il en sera transmis copie au Secrétaire du Comité des lins.

Aucune question ne paraissant urgente, et vu la pro-
ximité du 1.er mercredi de novembre, le Comité s'ajourne
jusqu'à convocation.

<table>
<tr><td>Le Secrétaire,</td><td>Le Président,</td></tr>
<tr><td>Ch. DE FRANCIOSI.</td><td>H. DANSETTE.</td></tr>
</table>

Séances des 5 et 12 novembre 1851.

M. le Secrétaire présente à l'examen des membres présents divers échantillons de lin d'origine suédoise, et qui
ont été envoyés à la Chambre de Commerce de Lille par M.
le Ministre de l'intérieur, afin de connaître l'avis des tisserands français sur ces toiles.

Les membres du Comité prépareront avant la prochaine
réunion leurs observations, ils les remettront à M. le Secrétaire qui en fera le résumé.

M. le Secrétaire fait connaître l'envoi à la Chambre de
Commerce, par le Comité des lins, des rapports de ce même
Comité et de celui du tissage. La Chambre demande des
documents plus explicites sur certains points qui sont indiqués.

En rendant compte des observations sur les toiles sué-
doises, le Comité du tissage répondra à ces demandes.

A la séance suivante ce travail est présenté ; en voici les
termes :

*A Messieurs les Membres de la Chambre de Commerce de
Lille,*

» Messieurs,

» Le Comité du tissage a reçu communication de divers
échantillons de toiles de lin les plus demandées sur le marché de Stockholm, et il a été appelé à formuler son avis sur
ces échantillons.

» La question nous a paru peu précisée, nous avons
pensé, toutefois, que nous étions consultés spécialement sur
le plus ou moins d'avantage que pourrait trouver l'industrie
française à exporter des toiles semblables en Suède. Il
s'agit donc d'examiner les prix auxquels ces toiles sont
livrées et de déterminer à quel prix le fabricant français
pourrait fournir ces mêmes qualités.

» Un élément nous manque pour émettre un avis complet, nous pouvons bien évaluer le prix des toiles pour la
fabrique française, mais il nous reste à connaître quels
seraient les frais accessoires pour transport, entrée en
Suède, etc.

» Néanmoins, voici le tableau comparatif :

	Prix des toiles suédoises.		Prix des toiles françaises.	
22 22	5 fr. 20 c. le mètre.		2 fr. 30 c. le mètre.	
21/17	4 06	—	2 »	—
19/19	3 48	—	1 90	—
17/16	2 90	—	1 70	—
12 12	1 74	—	0 95	—

» Le prix de toile française est calculé sur un bénéfice de 10 p. 100.

» Nous avons maintenant à traiter une seconde question, celle qui est relative au traité belge.

» Nous croyons ici devoir faire connaître notre pensée toute entière. La position actuelle de l'industrie du tissage français est loin d'être brillante, nous n'aurions pas besoin de rappeler ce que nous avons eu plusieurs fois l'honneur de vous exposer, Messieurs. La concurrence belge est redoutable. Elle présente cet étrange résultat que le traité donne à la fraude un moyen légal de se développer. Cependant nous ne chercherons point à dissimuler que le maintien de cet état de choses serait à la rigueur supportable, sauf quelques modifications que nous avons précédemment indiquées, que nous réduisons aujourd'hui dans leur plus rigoureuse justice.

» Nous avons demandé le changement du mode de de compte de fil des toiles. Nous persévérons dans cette demande, et nous nous conformons à la volonté du législateur lui-même. Recherchant une base équitable, il avait établi le droit sur le nombre des fils de la chaîne, ce nombre ne pouvant varier dans une même pièce. Mais la fabrication qui avait servi à établir le tarif a changé. On a réduit autant que possible la chaîne pour augmenter la trame; et telle toile qui compte 7 et 8 fils en chaîne en compte 11 et 12 en trame. Nous demandons que le droit s'établisse sur la moyenne des fils de la chaîne et de la trame réunies.

» Nous avons réclamé deux augmentations, l'une destinée à rétablir l'équilibre entre les tarifs des fils et ceux des toiles; la seconde en prévision d'une surtaxe sur les lins. Cette dernière n'est pas combattue, nous la maintenons.

» Quant à la première, on nous objecte que les tarifs protecteurs sont suffisamment élevés, on s'appuie pour cela sur la décroissance du chiffre des importations depuis 1842, année où ce chiffre a atteint le maximum. On nous demande des preuves matérielles établissant la situation fâcheuse du tissage français.

» Ces preuves sont difficiles à donner, nous le reconnaissons, Messieurs. Cependant, si depuis 1842 jusqu'à 1850 le chiffre des importations est tombé de 4 millions de quintaux métriques à 1 million, nous pouvons bien en trouver une certaine cause.

» Avant 1842, la fabrication de la toile, déjà développée en Belgique, était restreinte en France, elle n'a commencé pour nous qu'en 1839 et prit ses premiers accroissement en 1840. Depuis, à mesure qu'elle progressait, l'importation belge devait diminuer, c'est ce qui est arrivé. On cite 1842 et le chiffre de 4 millions. Mais il ne faut pas oublier qu'à cette époque, la prévision du traité qui allait se conclure engagea les Belges à écouler leurs produits en grand nombre. Le chiffre de 1842 doit donc être considéré comme complétement exceptionnel.

» Notons encore que si le poids des toiles belges importées en France diminue, la valeur de ces toiles ne suit pas la même marche décroissante.

» Nous avions pensé que la Belgique récoltant à peine un dixième de lins blancs, les toiles qui en provenaient devaient être considérées comme exceptionnelles et ne devaient point servir de type aux toiles bien plus nombreuses, fabriquées avec des fils de lins de couleur moins claire, mais auxquelles on faisait subir un débouillissage avec freinte de 20 p. % Nous avions conclu à la suppression des types.

» Vous avez cru, Messieurs, que cette suppression ne pouvait être accordée, il faut au douanier-vérificateur un terme de comparaison.

» Nous nous soumettons à votre opinion ; nous l'accueillons en faisant le sacrifice des regrets que nous aurions pu conserver. Mais alors, si les types doivent subsister, au moins qu'ils soient abaissés. Qu'ils soient choisis parmi nos toiles écrues, nos toiles françaises et non point parmi les toiles presque blanches fabriquées en Belgique, quelques-unes avec du fil écru, mais aussi en grande partie avec du fil crémé ramené à la teinte de ces fils de lin blanc et exceptionnel. La toile entre comme écrue, et le fil qui a servi à la fabriquer, paie un droit de blanc. La loi est destiné à protéger les intérêts nationaux, elle irait contre son but et ses intentions en prêtant un appui à la fraude.

» Pour nous résumer, et nous conformant, nous le pensons, Messieurs, à vos vues, nous déclarons au besoin accepter le *statu quo* sous le bénéfice des modifications relatives :

» 1.º Au compte de fil ;

» 2.º A l'abaissement des types ;

» 3.º Et en cas de surtaxe sur les lins à une augmentation proportionnelle des anciens tarifs.

» Ces trois points ont reçu leurs preuves complètes, nous croyons qu'ils ne seront l'objet d'aucune objection.

» Jusqu'à ce jour, nous ne vous avions signalé que cette fraude, au moyen de laquelle des toiles blanchies entraient comme toiles écrues. Le même abus se présente relativement à des toiles teintes importées comme toiles écrues. Le douanier sans méfiance, les trouvant au-dessous des types ministériels pour la nuance, inhabile à reconnaître la teinture qui en a dénaturé l'apparence les accepte comme écrues. Or, vous savez que les toiles teintes sont soumises à un droit spécial bien plus élevé que le droit de l'écru.

» Nous aurons l'avantage de mettre sous vos yeux des échantillons de ces toiles teintes de Belgique, et des échantillons des toiles fabriqués en France avec les lins de nuances les plus foncées, et vous apprécierez la différence de couleur qu'ils présentent.

» Quant au moyen de combattre cet abus, permettez-nous, Messieurs, de compter sur le concours de votre expérience et de vos lumières par nous aider à le rechercher. »

Le Comité décide l'envoi de ce rapport à la Chambre de Commerce.

La séance est levée.

Le Secrétaire,
CH. DE FRANCIOSI.

Séance du 3 décembre 1851.

L'un des membres présents expose que le dernier rapport envoyé à la Chambre de Commerce a été l'occasion d'explications de la part des membres du Comité au sein d'une commission choisie dans la Chambre.

En voici le résumé :

Compte-fil. — Une pièce de toile présentant nécessairement des irrégularités dans ses chefs, la constatation du nombre des fils en chaîne et en trame devrait être faite dans le tiers moyen de la pièce. Admis au reste le compte moyen de la chaîne et de la trame.

Types. — Pour la constatation de l'écru, le lin blanc est un lin tout-à-fait exceptionnel, presque nul maintenant. Au lieu de demander la suppression des types, il faudrait demander la fixation de types pris dans les toiles françaises fabriquées avec des lins de la nuance la plus foncée.

Surtaxe des lins. — 1.° Surtaxe proportionnelle à un droit plus élevé sur les lins et les étoupes ; pas d'objection.

— 2.° Surtaxe sur certaines catégories de toile. A ce propos, la Chambre invite le Comité du tissage à oublier un moment les rapports de bonne entente avec la filature pour exposer ses demandes à un point de vue spécial. La Chambre appréciera et fera elle-même la balance entre les intérêts des diverses branches de l'industrie linière. Le Comité rappelle alors la proposition de déclasser les fils en dédoublant les catégories ainsi qu'il a été proposé dans une réunion antérieure.

Toiles teintes. — La Chambre pense qu'il vaut mieux laisser subsister la législation actuelle, quitte à faire constater la fraude si plus tard on introduit des toiles teintes comme toiles écrues.

La Chambre préparera, d'après les observations de l'agriculture, de la filature et du tissage un rapport. (Ce rapport a été livré au public par la voie des journaux.)

Le Secrétaire,
Ch. DE FRANCIOSI.

Séance du 7 janvier 1852.

Furent présents MM. LEMAITRE, BÉGHIN, GRENIER, DUHAMEL.

Rien n'est à l'ordre du jour que la question de l'Assemblée générale en vertu de l'article 11 des statuts.

Les membres présents pensent que la fixation de l'époque de cette séance doit être remise à M. le Président. Ils pensent également qu'au lieu de faire un rapport sur les opérations du Comité pendant l'année qui vient de s'écouler, il vaut mieux faire imprimer les procès-verbaux des séances.

afin de montrer clairement aux membre adhérents comment la Commission a défendu les intérêts du tissage.

Si cette motion est adoptée par la majorité, l'Assemblée générale aura lieu aussitôt que l'impression des rapports aura pu être terminée.

M. le Secrétaire verra à connaître l'opinion des membres non présents.

La séance est levée.

<table>
<tr><td>Le Secrétaire,</td><td>Pour le Président,</td></tr>
<tr><td>CH. DE FRANCIOSI.</td><td>LEMAITRE-DEMEESTERE.</td></tr>
</table>

Depuis cette séance, les opinions des divers membres de la Commission s'étant trouvées d'accord pour l'impression, M. le Secrétaire s'est chargé de faire faire ce travail.